OUT OF THIS WORLD

走出这个世界

认识美国国家航空和航天局发明家**菲利普·鲁宾**和他的

激光动力飞船

LASER-SAILING STARSHIPS

[美] 杰夫·德·拉·罗莎 著

彭哲悦 译

上海辞书出版社

上海市版权局著作权合同登记章：图字09–2018–345

Laser–Sailing Starships

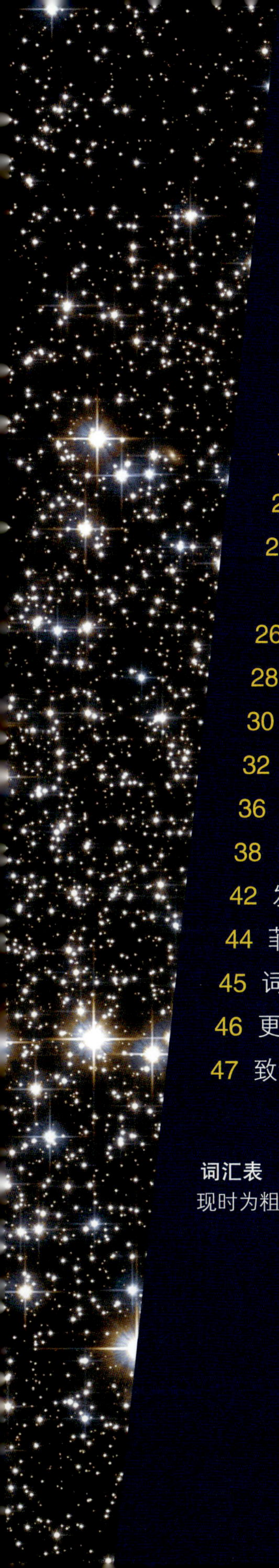

目　录

词汇表　第45页为术语词汇表。词汇表中的术语在正文中第一次出现时为粗体。

引言

你有没有曾经仰望夜空并幻想造访一个遥远的星球？要多久才能够到达那里呢？比如说在北方夜空中最亮的大角星。大角星要比我们的恒星太阳大许多倍并且它的亮度约是太阳的 100 倍。但大角星离我们太远，以至于它显得像一个小小的光点。

大角星是在右边被圈出的明亮的恒星。因为它离地球太远了，我们看见的只是一个微小的光点，即使它要比太阳更大更亮。

当我们仰望夜空时，会看见大角星好像跟随着一组恒星或一个星座，即跟随着北斗七星或大熊座。大角星的西名 Arcturus 源于古希腊语，意为熊的守卫者。

光比任何物体都传播得快，似乎能在一瞬间走过很长的距离。光在真空中的传播速度约为 299,792 千米/秒。我们把这个速度叫作**光速**。然而大角星离地球太远，以至于光要用 37 年的时间才能从那里到达地球！另一方面，目前人类拥有的最快的宇宙飞船的飞行速度仅为光速的一小部分。宇宙飞船按这样的慢速前行着，会花费几千年的时间才能抵达离我们最近的恒星——比邻星。

巨大的**星际**距离好似使恒星存在于一个人类遥不可及的地方。但物理学家菲利普·鲁宾认为他知道如何缩短这段旅程。（物理学家是研究物质——组成所有物体的材料——和能量的科学家。）有两个要素限制了宇宙飞船能够**加速**到的速度。第一是宇宙飞船的**质量**，第二是它所能被推动的速度。

传统的空间**探测器**接近于汽车大小。而鲁宾想要创造的探测器要比这小得多——小到能够装进你的口袋里。但真正的问题在于你如何推动它。一般火箭的速度对于跨越地球与恒星间浩瀚的距离来说太慢了。为了达到必要的速度，口袋大小的探测器会利用光本身，以一种特殊的航行方式搭乘**激光**的便车。

鲁宾估计这样以激光动力航行的恒星探索者能够加速到光速的三分之一左右。如果成功，它们也许能够在 20 年之内到达比邻星，从而成为第一个造访附近**恒星系统**的访客。

美国国家航空和航天局创新先进概念计划

“走出这个世界”系列丛书聚焦那些从美国国家航空和航天局成立的一个组织中获得大量拨款的项目。美国国家航空和航天局创新先进概念计划（NIAC）为致力于在空间技术中进行大胆创新研发的团队提供资金支持。你可以访问 NIAC 的网站 www.nasa.gov/niac 获取更多资讯。

认识菲利普 · 鲁宾

“嗨，我的名字是菲利普·鲁宾，我是加利福尼亚大学圣巴巴拉分校的一名物理学家。我从小凝望着洛杉矶丘陵周围的星星。我现在正在研发能真正造访其他恒星的光航行空间探测器。”

目的地：比邻星

比邻星是离太阳最近的恒星。它坐落于离太阳 4 **光年**以外的星座半人马座。(比邻星这个名字的原意是半人马座中离太阳最近的恒星。而半人马是一种想象中的动物，半人半马。) 一光年是光在一年内走过的距离，大约 9.46×10^{12} 千米。

2016 年，天文学家在研究来自比邻星的光时证实了这颗恒星有一颗行星，名为比邻星 b。科学家们相信比邻星 b 是一个比地球大一些的岩石行星。它大约每 11 个地球日环绕其恒星运行一周。

科学家对于这颗行星位于比邻星的宜居带内这一点感到特别兴奋。宜居带是恒星周围适宜液态水存在于行星表面的区域。这一发现增加了这颗行星存在生命的可能性。比起地球从太阳接收到的辐射，比邻星 b 的表面很可能从它的恒星接受到更多的辐射，这暗示了它严酷的环境。但科学家对于也许存在于其他恒星系统的生命形式知之甚少，这使得比邻星星系成为一个诱人的探索目标。

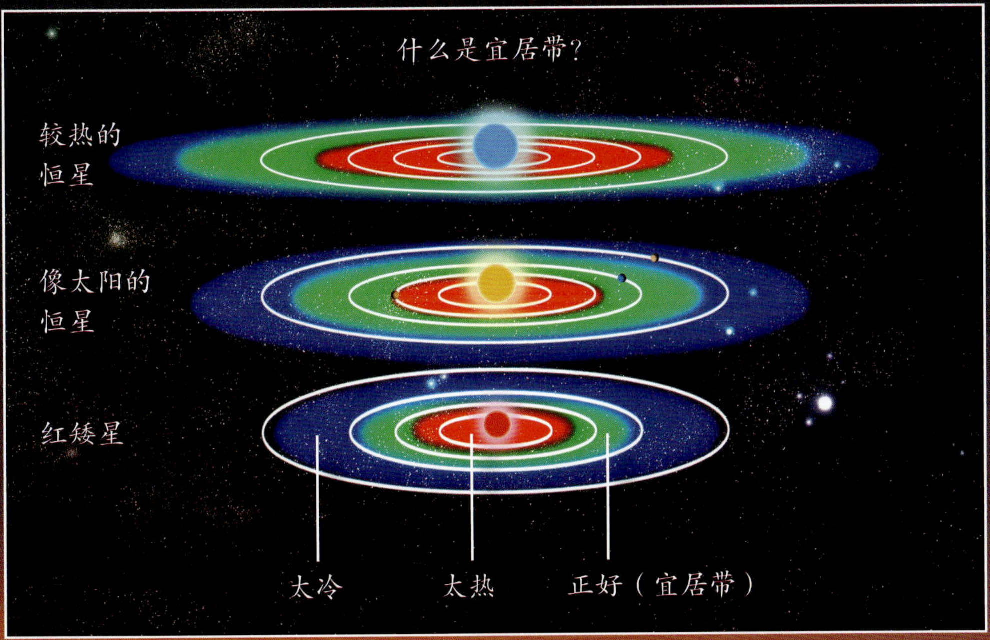

红矮星　比邻星是一种被称为红矮星的恒星。红矮星是银河系中最普遍的一种恒星，它们比太阳要更小且更暗。比邻星是太阳大小的八分之一。它由于太暗以至于只有通过望远镜才能被看见。苏格兰天文学家罗伯特・因尼斯在 1915 年发现了比邻星。

艺术家描绘的比邻星 b 的岩石表面。

可能存在多少个世界？　天文学家曾经以为拥有行星的恒星是很稀有的，这使得我们的太阳系很特别。

“然而，我们从最近的研究，例如开普勒计划中了解到平均每一个恒星都拥有一个行星。这是一个革命性的发现。我们没有意识到行星是如此的普遍。”

——鲁宾

自 2009 年开始，开普勒空间望远镜用于观测遥远的恒星。它要寻找的是一颗行星经过时恒星的亮度所产生的微小改变，这可以证实这颗行星的存在。开普勒空间望远镜识别了上千个系外行星（那些围绕着遥远恒星所运行的行星），一些恒星没有任何行星但一小部分恒星拥有数个行星。

追随水前行

在地球上，生命存在于每一个我们能看见的角落。顽强的生命体在严寒的南极地带、高温的水下火山口和地球的大气高空中生存。但存在生命的每一处都需要某种形态的水。所以，在宇宙中的其他地方寻找生命时，科学家会首先寻找可能会找到水的地方。如果行星离它的母恒星太近，所有的水会被蒸发光；如果行星离得太远，水会保持冰的状态；而在这两个极端环境中间的区域就被称为宜居带。

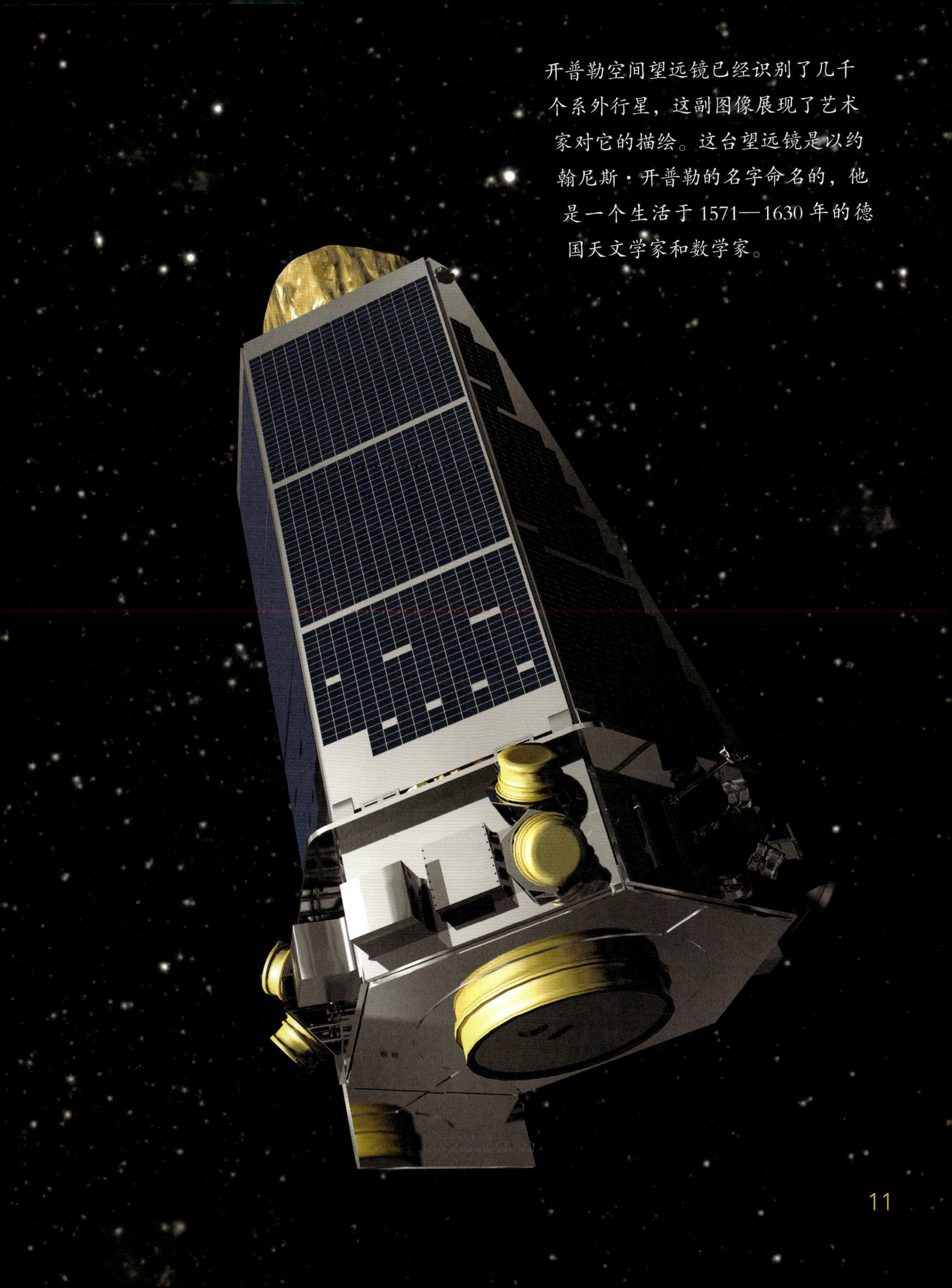

开普勒空间望远镜已经识别了几千个系外行星，这副图像展现了艺术家对它的描绘。这台望远镜是以约翰尼斯·开普勒的名字命名的，他是一个生活于1571—1630年的德国天文学家和数学家。

发明者的故事：

在太空竞赛时期长大

“我成长于 20 世纪五六十年代，当时世界各地的人们对太空竞赛都很关注。”

—— 鲁宾

太空竞赛是美国与苏联（一个存在于 1922 年至 1991 年的国家）在太空探索方面进行的激烈竞争。这个竞赛推动两国科学家在太空探索方面取得许多里程碑式的成就。苏联赢得了许多早期的胜利。在 1957 年 10 月 4 日，苏联人发射第一枚人造卫星斯普特尼克 1 号进入轨道。苏联又在 1961 年 4 月 12 日将航天员尤里·加加林第一个送入太空。

“我记得我小时候对建造小宇宙飞船入了迷。我用硬纸板造了一个火箭。之后爬进那里面假装自己是一名航天员。”

—— 鲁宾

水星号和双子星座号宇宙飞船标志着美国进入了载人航天探索时代。阿波罗计划在 1969 年 7 月 20 日将人类送上了月球，奠定了太空竞赛最后一个重要的里程碑。

“人类能在月球上行走是一件不可思议的事情。我那时还在读高中，被那个瞬间惊呆了。”

——鲁宾

太空竞赛激发了鲁宾和当时许多其他年轻人的想象力，激励他们去成为下一代的宇宙探索者。

航天员巴兹·阿尔德林向月球表面的美国国旗致敬。

星际旅行

按宇宙标准，比邻星也许是太阳的隔壁邻居，但是 4 光年对旅行而言仍然是一个惊人的距离。你能想到最快的东西是什么呢？一辆赛车？一架喷气式飞机？

一架典型的喷气式飞机能在一小时内飞行大约 800 千米。这样的高速足以在一天内飞越半个世界。但以这样的速度，仍需要数万年才能到达比邻星，这比人类从几千年前开始记录事物到现在的时间还要长！

事实上航天器比喷气式飞机快得多。在 2006 年，美国国家航空和航天局发射了新地平线号探测器到矮行星冥王星。这架探测器以创纪录的速度离开了地球的轨道，用比喷气式飞机快 80 倍的速度航行。但即使以如此高的速度前行，新地平线号依然花费了 9 年的时间才到达冥王星。而冥王星甚至远未到达太阳系的边缘。以相近的速度，一架探测器会花费几百年的时间才能抵达比邻星。

飞离地球最远的航天器是旅行者 1 号。这架探测器发射于 1977 年，去探索太阳系中的外部行星。它在 1979 年和 1980 年飞过木星和土星，然后进入星际空间。它以与新地平线号相似的速度航行，花费了 35 年以上的时间抵达太阳系的边缘。

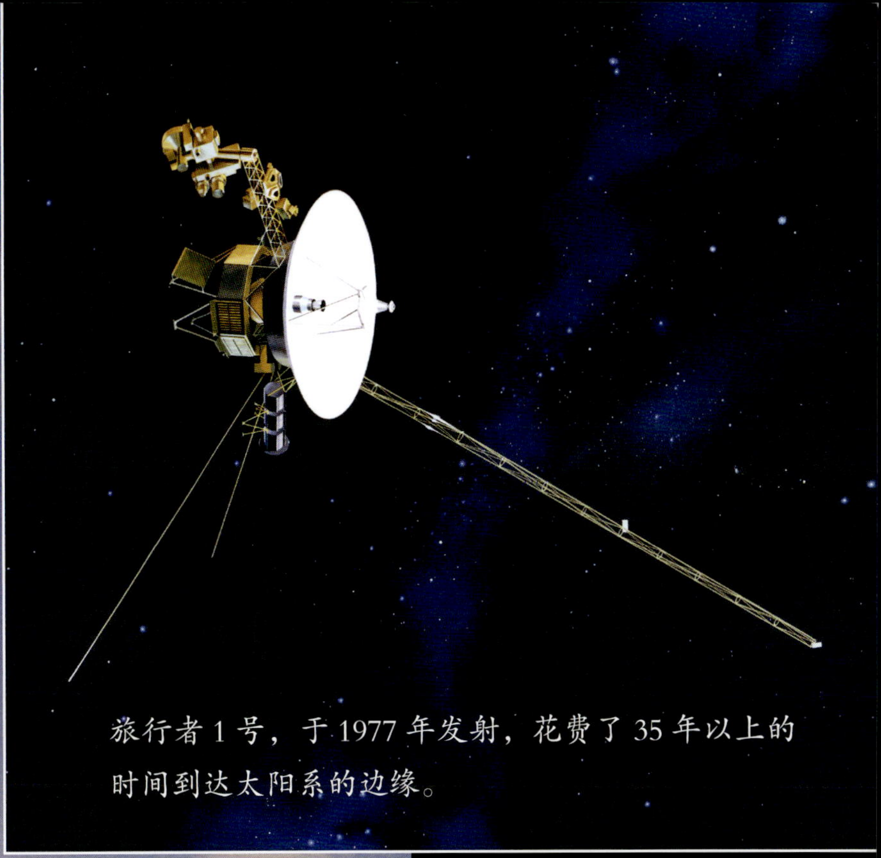

旅行者 1 号，于 1977 年发射，花费了 35 年以上的时间到达太阳系的边缘。

美国国家航空和航天局的新地平线号探测器，与如图所示的传统的火箭一起发射，花费九年时间到达矮行星冥王星。

更快抵达

如此漫长的航行时间让科学家们失去耐心，似乎也让那些星球变得遥不可及。但是鲁宾想到了在20到30年内到达比邻星的方法。他的计划是宏伟的。令人惊讶的是，这并不要求科学界拥有重大突破，相反，这计划能够通过运用和开发已有的科技来实现。

“我们希望在太空探索方面比现在走得更快和更远。要做到这一点，必须改变推动宇宙飞船的方法。而在某种程度上，我们必须去改变我们对宇宙飞船的理解。”

——鲁宾

在这幅图中，一个简单的帆式飞船——右边弯曲的灰色物体——是被激光的力量从地球推动的。

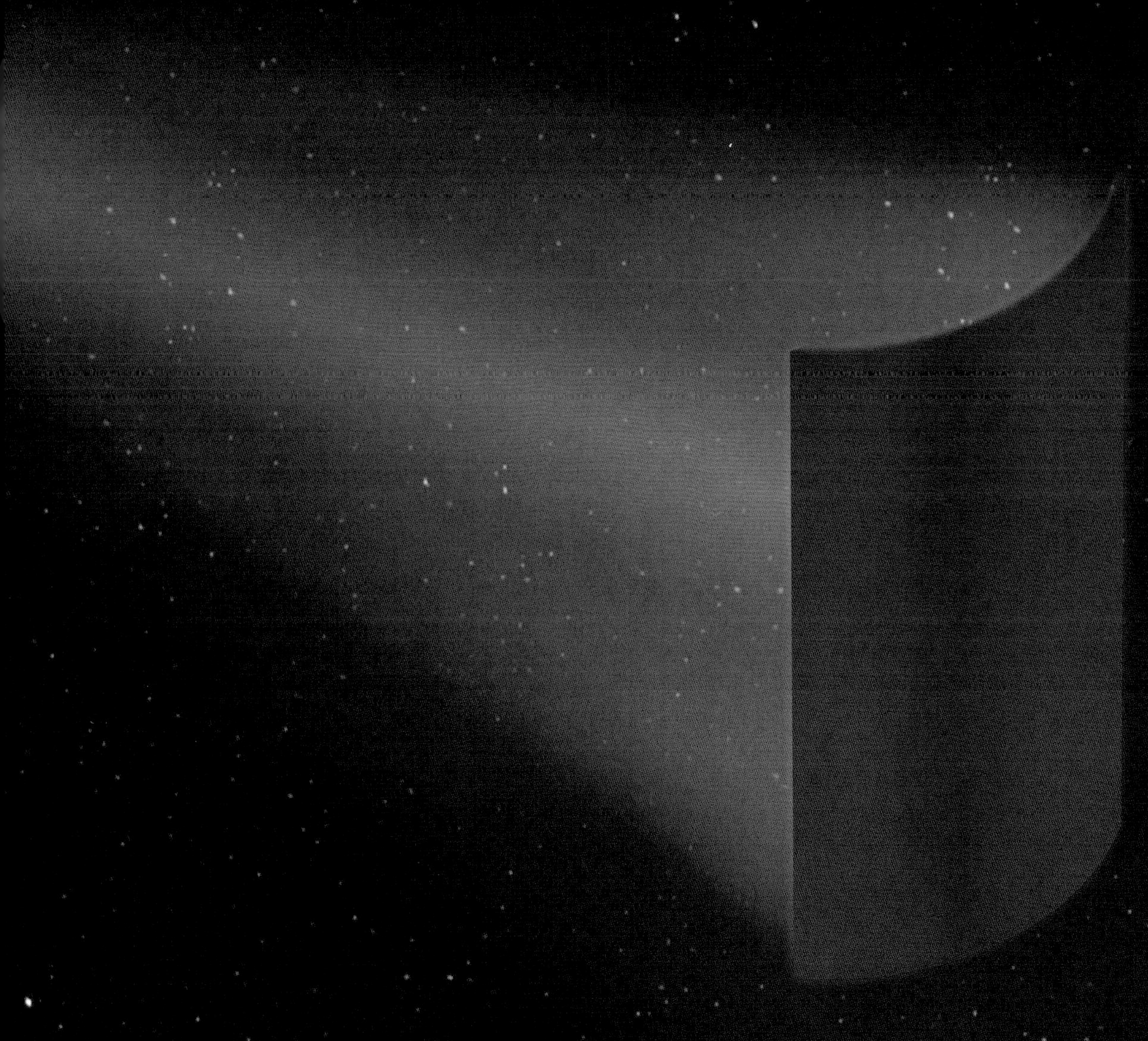

为了理解鲁宾的计划，我们必须先思考加速一个物体都需要些什么。为了完成加速，必须将一个力施加在这个物体上。

想象用你所有的力气去推动一辆货车。如果货车是空的，你推动的力也许很快能使这辆货车移动。但是如果货车载满了沉重的石头，一样的推力也许完全不能使货车移动！货车的加速度一部分取决于它的质量。

推动所用的力 (F)、物体的质量 (m) 和它的加速度 (a) 之间的关系用下面这个数学公式表示：

$$F=ma$$

也就是说，力等于质量乘加速度。这个公式也能用以下方式重新排列：

$$a=F/m$$

这意味着对于一个特定的力，当物体的质量增加时，加速度就会降低。相反，当一个物体的质量减少时，加速度增大。

结论是一个物体质量越小，它就越容易被加速到一个极其高的速度。所以鲁宾计划的第一部分是将空间探测器的质量变得尽可能小。

这个手推车的加速度取决于推动它的人的力量以及坐在上面的孩子的重量。

大创意：

使它缩小

在某种意义上，工程学的历史可以看作是一个把东西变大的探索史。工程学的发展给予了我们更大的船只、更高的摩天大厦和更长的桥梁。将航天员送上月球是目前为止人类太空探索的最大成就，这也需要人类至今所建造的最大的火箭：111 米高的土星 5 号。

相反的，在电子工业中，将东西变小是一直以来的目标。第一台电子计算机建于 20 世纪 40 年代，与房间一般大小。它用数以千计叫作真空管的大型设备进行计算。在 20 世纪 50 年代，真空管被叫作晶体管的小型设备所替代。

这样将电子设备缩小的趋势延续到研制出集成电路，有时也被叫作计算机芯片的 20 世纪 60 年代。集成电路本质上是将许多微小的开关刻蚀到通常是**硅**的**半导体**芯片上。

ENIAC 是第一批能够运作的电子计算机之一。它占满了整个房间并且需要整个团队的工作人员操作。

随着材料和制造工艺的发展，可刻蚀到芯片上的装置数量增加得越来越快。从 20 世纪 70 年代中期开始，这个数字大约每隔两年就会翻倍。结果是，电子计算机在体积变小的同时，性能变得越来越强。

大创意：

使它缩小 续

“你能在生活中使用平板电脑和智能手机时观察到这一点。每年，都会出现更小或更薄但是功能更强大的新产品。”

——鲁宾

在电子计算机芯片缩小的同时，电子元件像**传感器**和摄像头也发生了同样的改变。一个机械的空间探测器从某种意义上是一批被送上太空的电子设备。传统的空间探测器在地球上重达数百或数千千克。但是通过使用尽可能小的设备，鲁宾设想了一个小得多的探测器。

“我们可以想象把整个宇宙飞船放到和智能手机一样大小的物体上。一个智能手机有摄像头，有能够接收和发送信息的系统，有能够探测运动和位置改变的传感器。这就使我思考——为什么我们不用智能手机代替传统的空间探测器呢？”

——鲁宾

第一部手机（左图）简单而且笨重。现代的智能手机，如上图所示，使用大幅改进的移动电话科技，同时也将它变成了手掌大小。它们的计算能力是房间大小的 ENIAC 的好几千倍。

摩尔定律 能被安装在计算机芯片上的装置数量每两年增加一倍，这个概念被称作摩尔定律。它是以发现这个数量会按规律增加一倍的美国研究科学家戈登·摩尔（1929— ）的名字命名的。摩尔定律推动了计算机科学家和计算机制造者们去制造更小、功能更强大的计算机。

发明者的故事：

菲尔故障检修员

鲁宾以一个理论物理学家而非发明家的身份开始了他的职业生涯。理论物理学家运用数学和推理的方法发展我们对于物质、能量和宇宙的理解。

“我曾经非常向往纯数学（研究数学本身的学科）以及基础物理学。当我开始学习早期宇宙的结构时，我动摇了。”

——鲁宾

为了研究早期的宇宙，科学家们首先要测量今天的宇宙。为了完成他的工作，鲁宾必须开发出探测器和其他设备去完成他所需要的测量。

“为了探索，人们总要建造些什么。”

——鲁宾

参加科技研究给了鲁宾一个重拾儿时兴趣的机会。青少年时期，他被一些事物的工作原理所深深吸引，将物体拆卸再重组以满足自己的好奇心。

“我儿时非常喜欢建造和拆解物体。我喜欢使用我的双手。”

——鲁宾

鲁宾拆过收音机和电视机。他研究发动机，同时也被电子工业所吸引。他不断地修修补补使他拥有了绰号“菲尔故障检修员”。

1955 年的鲁宾和他的父亲（左图）。
学生时期在哈佛的鲁宾（上图）。

更快地推动

“从某种层面上，使宇宙飞船变小是一个比较容易解决的难题。已经有一整个产业努力去开发更小、功能更强大、更有成本效益的电子设备。”

——鲁宾

质量仅仅是上文提到的数学公式的一部分。对于一个常见的宇宙飞船，推进力一般是由火箭提供的。但火箭很笨重而且需要很重的推进剂（燃料）。安装一个火箭会在鲁宾的微型探测器上增加太多的质量。为了将宇宙飞船加速到从来没有到达的速度，鲁宾也需要一个新的方法去推动它们。

幸运的是，推动一个物体还有另外一种方法。想象一艘小船在水上航行。使船移动的力并不来自船的本身。相反，它来自于风对船帆的推动。

鲁宾为了推动他的微型探测器，也许会在上面安装一个帆。但是在宇宙中没有风去推动这面帆。即使有，日常的风并不能足够快地推动探测器。为了推动探测器，鲁宾需要找到更快的东西。

“而我们拥有最快的东西是光。”

——鲁宾

人们用帆使船只移动已经有几千年了。这些帆利用一阵阵风去推动船只。而其他形式的帆，也能够运用于太空。

大创意：

太阳帆

尽管听起来很奇怪，科学家们已经开始对用光航行的宇宙飞船进行实验。这样的设计通常被称作太阳帆，因为它们用太阳光的压力在太空中航行。

太阳帆是由轻量级的骨架和覆盖在上面的大量反射材料所组成的。太空中的“风”以被太阳释放的**光子**的形式出现。

当一个光子撞击到太阳帆，镜面将光子反射回太空中。与此同时，一些光子的**动量**被传递给了太阳帆。太阳帆应用了英国科学家艾萨克·牛顿（1642—1727）提出的第三运动定律。这条定律指出每一个作用在物体上的力都有一个与它大小相等、方向相反的反作用力。所以，光子的反射将太阳帆向反方向推动。

一个光子没有太大的动量，所以只有少量的推动力被传递到太阳帆上。但随着时间的推移，当数百万个光子击打在上面，这个力大大增加使得太阳帆能够加速到接近光速。

设计一个太阳帆 因为一个光子所承载的动量是极小的，所以太阳帆必须足够大到能够捕获数百万个光子。一些帆可以设计成 1 到 10 个足球场的大小。为了拥有尽可能快的速度，太阳帆也必须很轻。一些实验帆是以厚度为一般保鲜膜三分之一的材料做成的。太阳帆也必须是近乎完美的反射器。帆的反射性越强，越多的光子就能被转换成动力，而太阳帆就行驶得越快。

太阳帆利用光子加速一艘宇宙飞船。

发明者的故事：

观察自然

鲁宾对探索的兴趣有一部分来自于他对自然和户外的向往。

“我年轻时常常冲浪。小时候，大家聚在一起，去海滩上闲逛或带上冲浪板去冲浪是一件令人兴奋的事。”

——鲁宾

鲁宾曾经对星星着迷。但他在洛杉矶长大，明亮的城市，朦胧的天空，并不适合眺望星空。

“当长大一些，我喜欢到山上徒步旅行。这就像从天空摘去一层面纱一样。突然间，我能够看见这美丽的宇宙的存在。我想这激发了我想去探索更多事物的想象力。”

——鲁宾

鲁宾仍然享受徒步旅行带来的乐趣。他喜欢在雪中出行并且热爱深冬。

“我仰望星空然后想象那里有些什么。”——鲁宾

鲁宾拿着滑雪板在斜坡前面摆姿势。

激光能量

一艘太阳帆驱动的飞船可能适合在地球与距离遥远的临近恒星之间穿梭。但是有两个主要问题。第一，飞船需要很长的时间才能达到星际速度。第二，当飞船离太阳越来越远，推动帆前行的光子会越来越少。

是它也在某种方面表现得像你在水中看见的波浪一样。在太阳光和许多其他种类的自然光中，光波存在于每一处。它们向不同的方向移动；一个波峰与下一个波峰之间有不同的长度；而两个波峰之间的波谷通

在这张照片中，一个天文台向一艘环绕月球的宇宙飞船发射一束激光。因为所有激光中的光波向同一个方向移动（如图所示），光束能够传播很长的一段距离也不消失。

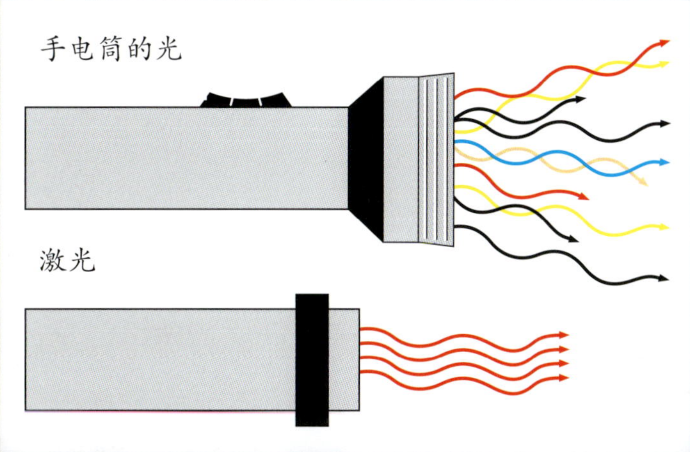

为了理解鲁宾的设想，想象传统太阳帆慢慢地在阳光中各处的光子撞击到它时获得动量。现在想象那些光子是激光的光子——大量的光子步调一致地快速移动。这样的光束能够很快地给予光帆大量的动量。

为了提供更多的能量，几束激光能够一起发射，形成一个巨大的光束。这样的装置叫作**相控激光阵列**。

不像传统的火箭发动机，相控激光阵列能被简单地重复使用。另外，由于鲁宾的微型宇宙飞船相对廉价，航天任务的控制人员能够将它们投送到一个又一个的星球。

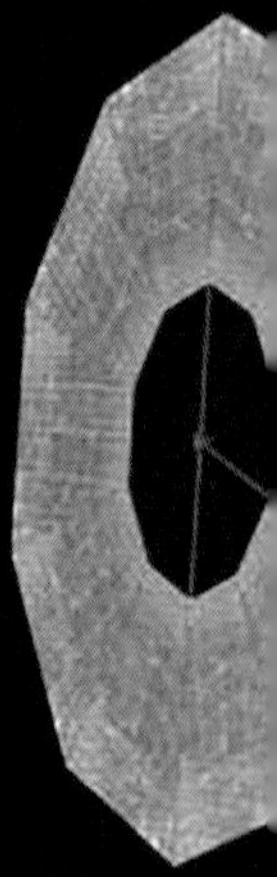

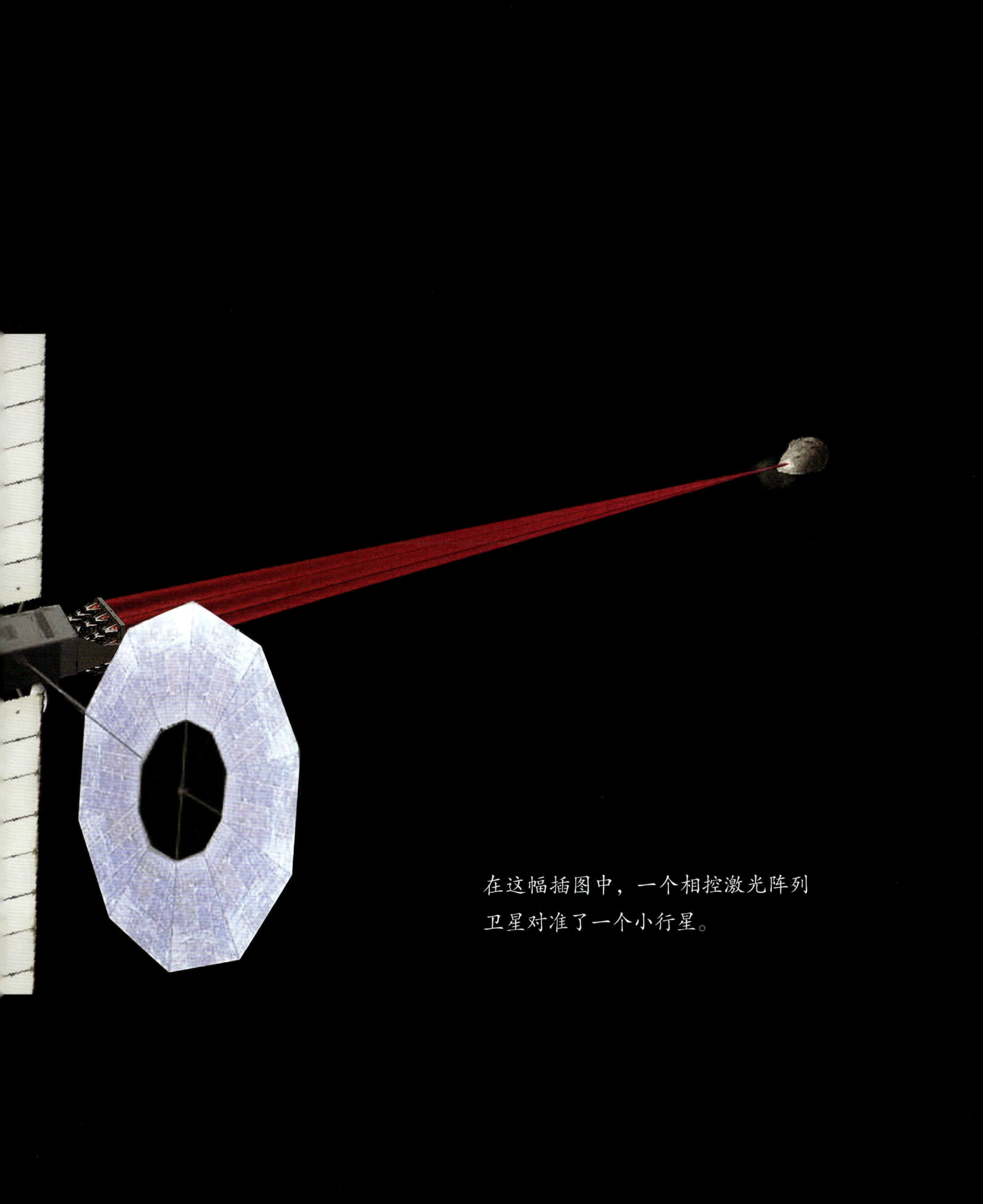

在这幅插图中，一个相控激光阵列卫星对准了一个小行星。

发明者的故事：

保卫行星

事实上，鲁宾开始进行相控激光阵列的实验是为解决一个完全不同的问题。

“我们开始将激光看作使小行星转向的行星防御措施。”

——鲁宾

我们的太阳系中存在数百万个散落的岩石和金属质的小行星。偶尔，其中的一些会撞击地球。它们中的大多数会在大气层中被烧尽，但是更大的小行星能够撞击地面，激起大量的尘埃并且引发自然灾害。许多科学家认为正是这种撞击所带来的危害导致了大约 6500 万年前恐龙和许多其他生物的灭绝。

这样大规模的撞击是十分罕见的，但是科学家们正在思考能够避免这些撞击在未来出现的方法。

“保护行星所用的科技也能够用于星际探索。事实上，它们运用的是一样的设备。”

——鲁宾

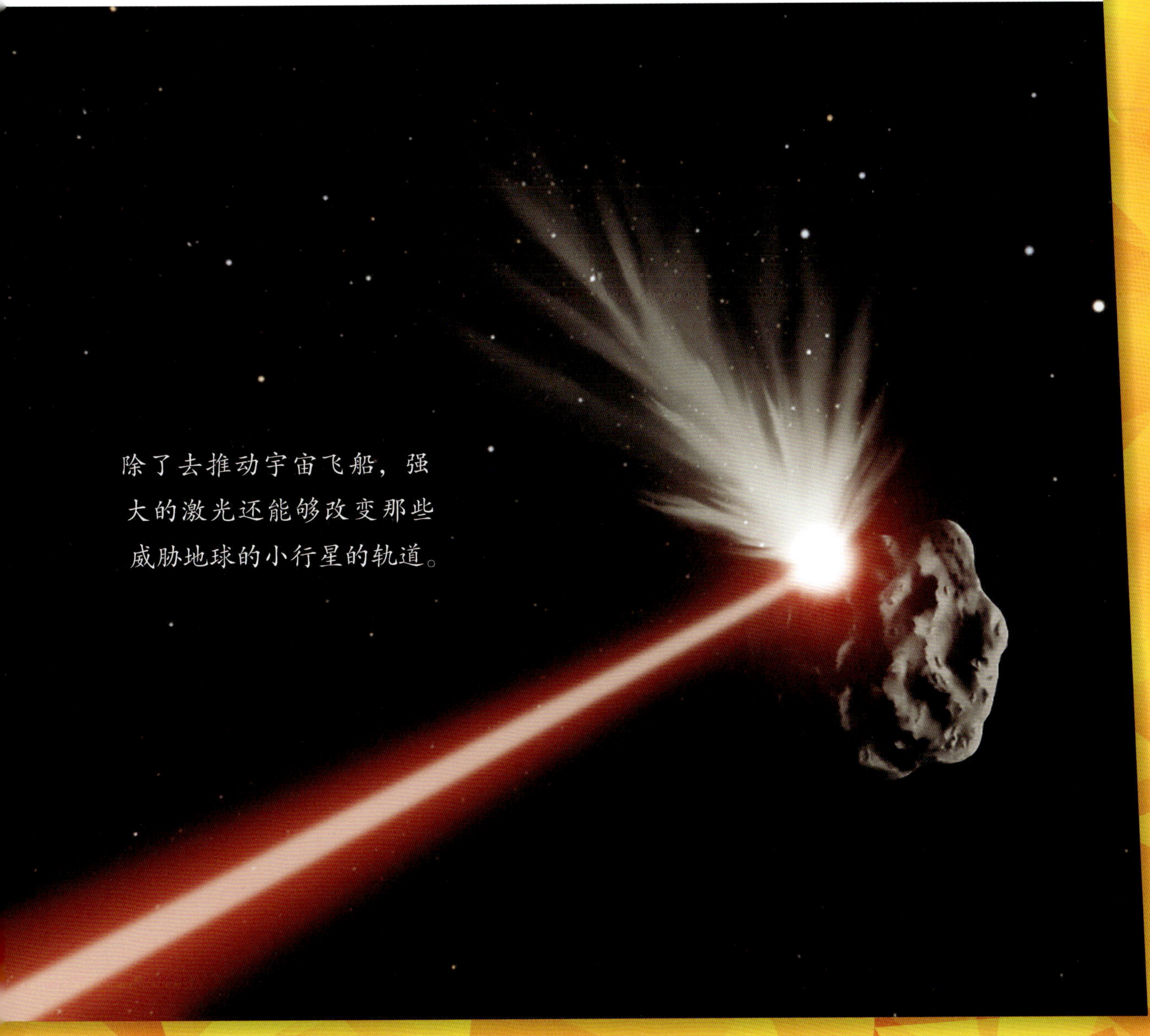

除了去推动宇宙飞船，强大的激光还能够改变那些威胁地球的小行星的轨道。

比邻星 b 还是失败

所以未来到比邻星 b 的任务会是怎样的呢？想象在地球的轨道上或是在月球的表面有一个发射台，发射台拥有着一个相控激光阵列。一个接着一个，阵列瞄准了一小群光帆，每一面帆都与一个邮票大小的宇宙飞船相连。

激光照射只需要几分钟的时间就能使每艘飞船的速度达到光速的三分之一。每艘飞船第一天的行驶距离就会比旅行者 2 号花费 35 年时间所行驶的距离更远。

在地球上，随着时间的推移，飞行物体会因为与空气之间的**摩擦力**而减速。然而，在太空中，几乎没有什么能让激光动力飞船减速。比邻星位于 4 光年之外，所以以光速的三分之一移动的微型宇宙飞船要花费 12 年的时间抵达目的地。

鲁宾的微型宇宙飞船发射 20 年后，天文学家们就能够收到比邻星 b 的特写照片。

当靠近比邻星和它的行星比邻星 b 时，宇宙飞船会捕捉影像且用传感器去收集其他形式的资料。它们会将这些资料用激光传回地球。之后，以快到难以停下的速度，它们会继续飞向星际空间。

因为比邻星在 4 光年之外，这要花费 4 年的时间将资料从宇宙飞船传送回地球。大约在发射的 20 年后，科学家们将能够目睹那曾经被认为是不可能的东西：第一张遥远星系的特写照片。

询问菲利普·鲁宾

我们能够造访其他恒星吗？

“太阳系在我们可以触及的范围之内。在我们的有生之年，我们能将人们送往火星去探索火星表面。”

——鲁宾

将人们送到其他的恒星是一个更难实现的目标。比起鲁宾的微型宇宙飞船，人类是笨重的，而且他们需要许多食物、水和空气去维持生命。这使我们难以想象如何将一个人类的质量加速到一个适合星际旅行的速度。

“我相信我们最终会将访客送到其他恒星上。但是，那将会是在很远的将来。”

——鲁宾

发明者的故事：

童年的启迪

鲁宾记得在小时候对电影《地球停转之日》(1951 年) 印象深刻。

“这是一个对于太空探索的可能性和与探索有关的社会问题的有趣解读。”

——鲁宾

在这部电影中，一个外星人访客在人类开始探索太空时来到了地球，迎接他的是质疑和暴力，而他最终也被杀害。

在影片最后，他传达了一个沉重的信息：人类也许会继续探索太空，但是如果他们带来暴力，外星人将会毁灭地球。

“这给我留下了深刻的印象。我想，为什么人们不能一起合作去完成一些美妙的事情却要彼此攻击呢？”

——鲁宾

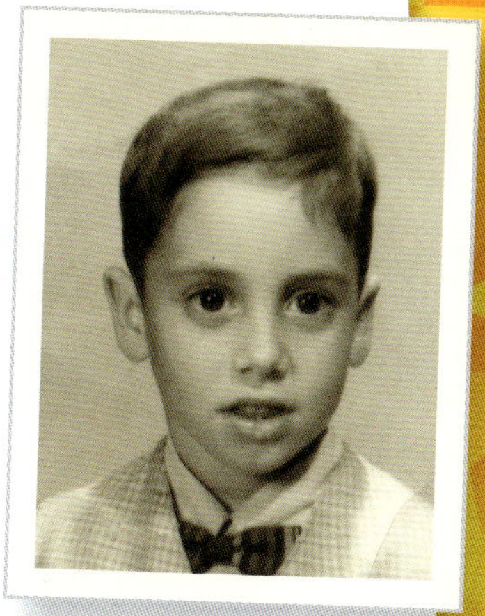

1958 年还是一个小学生的鲁宾。

还是个孩子的时候，鲁宾会骑着自行车去图书馆读关于数学和科学的书。

“我想要理解我所能理解的全部。”

——鲁宾

他也喜欢阅读《大众科学》和《大众机械》。

《大众科学》是一本美国杂志，其中介绍科学和技术的文章是为普通读者所写的。它在 1872 年起首先以《大众科学月刊》的名字出版。

《大众机械》是一本刊登科技类文章的美国杂志，其中包括了一些能够在家中尝试的设计。它出版于 1902 年。

菲利普·鲁宾和他的团队

鲁宾教授和加利福尼亚大学圣巴巴拉分校物理系的宇宙实验小组。

词汇表

光速　物质能行进的最快速度。大约为 299,792 千米 / 秒。科学家阿尔伯特·迈克尔逊在 1926 年首次对光速进行了正确的测量。

星际　恒星之间。

加速　改变速度，加快速度。

质量　表示物体中含有物质多少的物理量。大自然中的所有物体都是由物质构成的。

探测器　火箭、卫星或其他携带科学仪器的无人航天器，用于记录或传回关于太空的资料。

激光　一种非常强大的光束。产生这种光束的机器叫作激光器。

恒星系统　一颗或几颗恒星和它们的行星以及其他围绕它们运行的天体组成的整体。

光年　光在真空中一年内所走过的距离，大约是 9.46×10^{12} 千米。

硅　一种化学元素。是一种坚硬、深灰色、具有光泽的半金属。是一种半导体。半金属是兼有一定金属性和非金属性的元素。

半导体　一种比玻璃等绝缘体更易导电的材料，但导电性不如像铜那样的导体。

传感器　检测、监视物理环境中的变化的设备。

光子　光的微小粒子。

动量　物体的运动力。一个移动着的物体的动量等于其质量乘以其速度。

相控激光阵列　连接起来以产生强大光束的多台激光器。

摩擦力　物体穿过空气、水或其他介质时或在其表面运动时所受到的阻力。

更多信息

想了解更多关于恒星的知识吗?

Keranen, Rachel. *The Composition of the Universe: The Evolution of Stars and Galaxies*. Space Systems. Cavendish Square Publishing, 2017.

想了解更多关于运动定律的知识吗？

Gianopoulos, Andrea. *Isaac Newton and the Laws of Motion.* Inventions and Discovery. Capstone Press, 2007.

想知道更多关于激光的历史吗？

Wyckoff, Edwin Brit. *The Man Who Invented the Laser: The Genuis of Theodore H. Mainman*. Genius Inventors and Their Great Ideas. Enslow Elementary, 2013.

像发明家一样思考

微型电子探测器可以探测那些人类无法到达的太小或太远的地方。想想微型电子探测器可以探测的地方有哪些？

致谢

下列机构、个人、公司、图书出版单位为本书提供了照片及其他插图，书中出现的每一幅插图所对应的页码均列在提供单位和个人的前面。

封面	UCSB Experimental Cosmology Group
4–5	© Tunç Tezel
6–7	Ripton Scott (licensed under CC BY–SA 2.0)
8–9	ESO/M. Kornmesser; WORLD BOOK illustration by Matt Carrington
10–11	NASA
13	NASA
14–15	NASA/JHUAPL; NASA/JPL
16–17	UCSB Experimental Cosmology Group
18–19	© Shutterstock
21	U.S. Army
23	© Tim Boyle, Bloomberg/Getty Images; © Shutterstock
25	Philip Lubin
26–27	© Shutterstock
29	NASA
31	Philip Lubin
32–33	NASA/Goddard Space Flight Center/Tom Zagwodzki; WORLD BOOK diagram by Bensen Studios
34–35	UCSB Experimental Cosmology Group
37	Q. Zhang, NASA
38–39	ESO/M. Kornmesser
40–41	ESA/Hubble & NASA
43	Philip Lubin
44	Philip Lubin

图书在版编目（CIP）数据

激光动力飞船 /（美）杰夫·德·拉·罗莎著；
彭哲悦译．—上海：上海辞书出版社，2018. 8
ISBN 978 - 7 - 5326 - 5153 - 5

Ⅰ. ①激… Ⅱ. ①杰… ②彭… Ⅲ. ①航天探测器
Ⅳ. ① V476

中国版本图书馆 CIP 数据核字（2018）第 155710 号

激光动力飞船 jī guāng dòng lì fēi chuán

〔美〕杰夫·德·拉·罗莎 著　彭哲悦 译

责任编辑　周天宏
封面设计　梁业礼

出版发行　上海世纪出版集团
上海辞书出版社（www. cishu. com. cn）
地　　址　上海市陕西北路 457 号（200040）
印　　刷　上海雅昌艺术印刷有限公司
开　　本　890 × 1240 毫米　1/16
印　　张　3
字　　数　40 000
版　　次　2018 年 8 月第 1 版　2018 年 8 月第 1 次印刷
书　　号　ISBN 978 - 7 - 5326 - 5153 - 5 / · 3
定　　价　25. 00 元